# 数学不烦恼

# 不烦恼

从**圆**和**多边形**到**开普勒定律**

【韩】郑玩相◎著　【韩】金愍◎绘　章科佳　金润贞◎译

华东理工大学出版社
EAST CHINA UNIVERSITY OF SCIENCE AND TECHNOLOGY PRESS

·上海·

## 图书在版编目（CIP）数据

数学不烦恼. 从圆和多边形到开普勒定律 /（韩）郑玩相著；（韩）金愍绘；章科佳，金润贞译. —上海：华东理工大学出版社，2024.5

ISBN 978-7-5628-7364-8

Ⅰ.①数… Ⅱ.①郑… ②金… ③章… ④金… Ⅲ.①数学－青少年读物 Ⅳ.①O1-49

中国国家版本馆CIP数据核字（2024）第078573号

著作权合同登记号：图字09-2024-0147

중학교에서도 통하는 초등수학 개념 잡는 수학툰 6: 원과 다각형에서 케플러의 행성 법칙까지
Text Copyright ⓒ 2022 by Weon Sang, Jeong
Illustrator Copyright ⓒ 2022 by Min, Kim
Simplified Chinese translation copyright ⓒ 2024 by East China University of Science and Technology Press Co., Ltd.
This simplified Chinese translation copyright arranged with SUNGLIMBOOK through Carrot Korea Agency, Seoul, KOREA
All rights reserved.

策划编辑 / 曾文丽
责任编辑 / 张润梓
责任校对 / 金美玉
装帧设计 / 居慧娜
出版发行 / 华东理工大学出版社有限公司
　　　　　 地址：上海市梅陇路 130 号，200237
　　　　　 电话：021－64250306
　　　　　 网址：www.ecustpress.cn
　　　　　 邮箱：zongbianban@ecustpress.cn
印　　刷 / 上海邦达彩色包装印务有限公司
开　　本 / 890 mm×1240 mm　1/32
印　　张 / 4.125
字　　数 / 73 千字
版　　次 / 2024 年 5 月第 1 版
印　　次 / 2024 年 5 月第 1 次
定　　价 / 35.00 元

理解数学的思维和体系，
发现数学的美好与有趣！

《数学不烦恼》系列丛书的内容构成

**数学漫画——走进数学的奇幻漫画世界**

漫画最大限度地展现了作者对数学的独到见解。

学起来很吃力的数学，原来还可以这么有趣！

**知识点梳理——打通中小学数学教材之间的"任督二脉"**

中小学数学的教材内容是相互衔接的，本书对相关的衔接内容进行了单独呈现。

## 概念整理自测题——测验对概念的理解程度

解答自测题，可以确认自己对书中内容的理解程度，书末的附录中还附有详细的答案。

## 郑教授的视频课——近距离感受作者的线上授课

扫一扫二维码，就能立即观看作者的线上授课视频。从有趣的数学漫画到易懂的插图和正文，从概念整理自测题再到在线视频，整个阅读体验充满了乐趣。

## 术语解释——网罗书中的术语

本书的"术语解释"部分运用通俗易懂的语言对一些重要的术语进行了整理和解释，以帮助读者更好地理解它们，达到和中小学数学教材内容融会贯通的效果。当需要总结相关概念的时候，或是在阅读本书的过程中想要回顾相关表述时，读者都可以在这一部分找到解答。

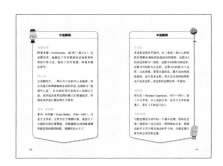

大家好！我是郑教授。

嘿！

# 数学 不烦恼

## 从圆和多边形到开普勒定律

知识点梳理

| 年 级 | 分年级知识点 | | 涉及的典型应用 |
|---|---|---|---|
| 小 学 | 一年级 | 认识图形（二） | |
| | 三年级 | 长方形和正方形 | 平面镶嵌问题 |
| | 三年级 | 面积 | 计算多边形的内 |
| | 四年级 | 三角形 | 角、内角和、 |
| | 四年级 | 小数的意义和性质 | 面积 |
| | 五年级 | 小数乘法 | 无理数 |
| | 五年级 | 多边形的面积 | 开平方根 |
| | 五年级 | 分数的意义和性质 | 四舍五入法 |
| | 六年级 | 圆 | 计算圆的周长和 |
| | 六年级 | 比例 | 面积 |
| 初 中 | 七年级 | 实数 | 计算扇形的周长 |
| | 八年级 | 三角形 | 和面积 |
| | 八年级 | 勾股定理 | 绘制椭圆 |
| | 九年级 | 圆 | 计算椭圆的面积 |
| | 九年级 | 相似 | 求组合图形的周 |
| | | | 长和面积 |
| 高 中 | 二年级 | 圆锥曲线方程 | |

# 目录

专题 1

## 正多边形和瓷砖的故事

 长方形和正方形、三角形

 三角形

专题 2

隐藏在蜂巢中的数学原理

小学　长方形和正方形、面积、小数的意义和性
　　　质、三角形、多边形的面积、小数乘法

初中　实数、勾股定理、三角形

专题 3

圆和圆周率的故事

小学　分数的意义和性质、圆

初中　圆

走进数学的
奇幻世界!

专题 4

圆和扇形的面积

| 小学 圆 |
| 初中 圆 |

专题 5
**生活中的圆、圆环和多边形**

 认识图形（二）、圆
 圆

专题 6

开普勒定律

 分数的意义和性质、比例
 相似
 圆锥曲线方程

专题 总结

**附录**

## 培养数学的眼光去观察生活

　　世界是由什么组成的呢？很多古代哲学家都对这一问题非常感兴趣，他们也分别提出了各自的主张。泰勒斯认为，世间的一切皆源自水；而亚里士多德则认为世界是由土、气、水、火构成的。可能在我们现代人看来，他们的这些观点非常荒谬。然而，先贤们的这些想法对于推动科学的发展意义重大。尽管观点并不准确，但我们也应当对他们这种努力解释世界本质的探究精神给予高度评价。

　　我希望孩子们能够抱着古代哲学家的这种心态去看待数学。如果用数学的眼光去观察、研究日常生活中遇到的各种现象，那么会是一种什么样的体验呢？如此一来，孩子们仅在教室里也能够发现许多数学原理。从教室的座位布局中，可以发现"行和列"；在调整座次、换新同桌时，就会想到"概率"；在组建学习小组时，又会联想到"除法"；在根据同班同学不同的特点，对他们进行分类的时候，会更加理解"集合"的概念。像这样，如果孩子们将数学当作观察世间万物的"眼睛"，那么数学就不再仅仅是一个单纯的解题工具，而是一门实用的学问，是帮助人们发现生活中各种有趣事物的方法。

而这本书恰好能够培养、引导孩子用数学的眼光观察这个世界。它将各年级学过的零散的数学知识按主题进行重新整合，把数学的概念和孩子的日常生活紧密相连，让孩子在沉浸于书中内容的同时，轻松快乐地学会数学概念和原理。对于学数学感到吃力的孩子来说，这将成为一次愉快的学习经历；而对于喜欢数学的孩子来说，又会成为一个发现数学价值的机会。希望通过这本书，能有更多的孩子获得将数学生活化的体验，更加地热爱数学。


中国科学院自然史研究所副研究员、数学史博士
郭园园

## 一本提供全新数学学习方法之书

学数学的过程就像玩游戏一样,从看得见的地方寻找看不见的价值,寻找有意义的规律。过去,人们在大自然中寻找;进入现代社会后,人们开始从人造物体和抽象世界中寻找。而如今,数学作为人类活动的产物,同时又是一种创造新产物的工具。比如,我们用计算机语言来控制计算机,解析世界上所有的信息资料。我们把这一过程称为编程,但实际上这只不过是一种新形式的数学游戏。因此从根本上来说,我们教授数学就是赋予人们一种力量,即用社会上约定俗成的形式语言、符号语言、图形语言去解读世间万物的各种有意义的规律。

《数学不烦恼》丛书自始至终都是在进行各种类型的游戏。这些游戏没有复杂的形式,却能启发人们利用简单的思维方式去思考复杂的现象，就连对学数学感到吃力的学生也能轻松驾驭。从这一方面来说，这套丛书具有如下优点：

### 1.将散落在中小学各个年级的数学概念重新归整

低年级学的数学概念难度不大，因此，如果能够在这些概念的基础上加以延伸和拓展，那么学生将在更高阶的数学概念学习中事半功倍。也就是说，利用小学低年级的数学概念去解释高年级的数学概念，可将复杂的概念简单化，更加便于理解。这套丛书在这一方面做得非常好，且十分有趣。

### 2.通过漫画的形式学习数学，而非习题、数字或算式

在人类的五大感觉中，视觉无疑是最发达的。当今社会，绝大部分人都生活在电视和网络视频的洪流中。理解图像语言所需的时间远少于文字语言，而且我们所生活的时代也在不断发展，这种形式更加便于读者理解。

这套丛书通过漫画和图示，将复杂的抽象概念转化成通俗易懂的绘画语言，让数学更加贴近学生。这一小小的变化赋予学生轻松学习数学的勇气，不再为之感到苦恼。

### 3. 从日常生活中发现并感受数学

数学离我们有多近呢？这套丛书以日常生活为学习素材，挖掘隐藏在其中的数学概念，并以漫画的形式传授给孩子们，不会让他们觉得数学枯燥难懂，拉近了他们与数学的距离。将数学和现实生活相结合，能够帮助读者从日常生活中发现并感受数学。

### 4. 对数学概念进行独创性解读，令人耳目一新

每个人都有自己的观点和看法，而这些观点和看法构成了每个人独有的世界观。作者在学生时期很喜欢数学，但是对于数学概念和原理，几乎都是死记硬背，没有真正地理解，因此经常会产生各种问题，这些学习过程中的点点滴滴在这套丛书中都有记录。通过阅读这套丛书，我们会发现数学是如此有趣，并学会从不同的角度去审视在校所学的数学教材。

希望各位读者能够通过这套丛书，发现如下价值：

懂得可以从大自然中找到数学。
懂得可以从人类创造的具体事物中找到数学。
懂得人类创造的抽象事物中存在数学。
懂得在建立不同事物间联系的过程中存在数学。

我郑重地向大家推荐《数学不烦恼》丛书，它打破了"数学非常枯燥难懂"这一偏见。孩子们在阅读这套丛书时，会发现自己完全沉浸于数学的魅力之中。如果你也认为培养数学思维很重要，那么一定要让孩子读一读这套丛书。

　　　　　　　　　　　　　韩国数学教师协会原会长
　　　　　　　　　　　　　李东昕

## 解决数学应用题烦恼的必读书目

　　很多学生觉得数学的应用题学起来非常困难。在过去，小学数学的教学目的就是解出正确答案，而现在，小学数学的教学越来越重视培养学生利用原有知识创造新知识的能力。而应用题属于文字叙述型问题，通过接触日常生活中的数学应用并加以解答，有效地提高孩子解决实际问题的能力。对于现在某些早已习惯了视频、漫画的孩子来说，仅是独立地阅读应用题的文字叙述本身可能就已经很困难了。

　　这本书具有很多优点，让读者沉浸其中，仿佛在现场聆听作者的讲课一样。另外，作者对孩子们好奇的问题了然于心，并对此做出了明确的回答。

　　在阅读这本书的过程中，擅长数学的学生会对数学更加感兴趣，而自认为学不好数学的学生，也会在不知不觉间神奇地体会到数学水平大幅度提升。

这本书围绕着主人公柯马的数学问题和想象展开，读者在阅读过程中，就会不自觉地跟随这位不擅长数学应用题的主人公的思路，加深对中小学数学各个重要内容的理解。书中还穿插着在不同时空转换的数学漫画，它使得各个专题更加有趣生动，能够激发读者的好奇心。全书内容通俗易懂，还涵盖了各种与数学主题相关的、神秘而又有趣的故事。

　　最后，正如作者在自序中所提到的，我也希望阅读此书的学生都能够成为一名小小数学家。

上海市松江区泗泾第五小学数学教师

徐金金

# 数学
## ——一门美好又有趣的学科

　　数学是一门美好又有趣的学科。倘若第一步没走好，这一美好的学科也有可能成为世界上最令人讨厌的学科。相反，如果从小就通过有趣的数学书感受到数学的魅力，那么你一定会喜欢上数学，对数学充满自信。

　　正是基于此，本书旨在让开始学习数学的小学生，以及可能开始对数学产生厌倦的青少年找到数学的乐趣。为此，本书的语言力求通俗易懂，让小学生也能够理解中学乃至更高层次的数学内容。同时，本书内容主要是围绕数学漫画展开的。这样，读者就可以通过有趣的故事，理解数学中重要的概念。

　　数学家们的逻辑思维能力很强，同时他们又有很多"出其不意"的想法。当"出其不意"遇上逻辑，他们便会进入一个全新的数学世界。书中提出多边形、圆和椭圆相关理论的数学家们便是如此。本书讲述了各种有趣的内容，包括正多边形各种有趣的性质、蜂巢为正六边形的原因、圆周率的发现，以及圆的周长、面积的计算等。在构思扇形这部分的漫画时，我参考了一本让我感悟颇深的绘本——《失落的一角》。我还详细地讲述了椭圆的本质就是一个被压扁的圆，以及物理学家开普勒是如何发现行星绕太阳公转的轨道就是椭圆的。

我之所以在这本书中讲解很多中学才会学习的内容，包括多边形、圆、椭圆等的更进一步的性质和计算，是因为我希望大家能够尝试在生活中观察它们、利用它们，进行各种有趣的研究。

本书所涉及的中小学数学教材中的知识点如下：

小学：认识图形（二）、长方形和正方形、面积、三角形、小数的意义和性质、小数乘法、多边形的面积、分数的意义和性质、圆、比例

初中：实数、三角形、勾股定理、圆、相似

高中：圆锥曲线方程

希望通过本书所讲的多边形、圆和椭圆的知识，大家能感受到多边形、圆和椭圆的魅力，了解它们在科学中的运用。同时，我也希望大家能够利用多边形、圆和椭圆的知识提出新的科学理论。

最后，希望通过这本书，大家都能够发现数学的美好和有趣，成为一名小小数学家。

韩国庆尚国立大学教授
郑玩相

柯马

### 因数学不好而苦恼的孩子

　　充满好奇心的柯马有一个烦恼，那就是不擅长数学，尤其是应用题，一想到就头疼，并因此非常讨厌上数学课。为数学而发愁的柯马，能解决他的烦恼吗？

### 闹钟形状的数学魔法师

　　原本是柯马床边的闹钟。来自数学星球的数学精灵将它变成了一个会飞的、闹钟形状的数学魔法师。

数钟

### 穿越时空的百变鬼才

　　数学精灵用柯马的床创造了它。它与柯马、数钟一起畅游时空，负责其中最重要的运输工作。它还擅长图形与几何。

床怪

# 正多边形和瓷砖的故事

　　正多边形是指各个角都相等，各条边都相等的多边形。本专题将从正多边形和生活中常见的瓷砖入手，引申出用正多边形平面镶嵌的问题。让我们一起来看看为什么只用一种正多边形时，只有正三角形、正方形、正六边形可以铺满平面，而其他的正多边形不能吧。本专题也会介绍正多边形的内角和以及内角度数的计算方法。

# 柯马当上了家具店老板

## 正多边形和瓷砖

我们今天要聊的主题是什么？在这之前，我想知道为什么我会当上家具店的老板！

今天要聊的主题正是在下的专业领域——图形。具体而言，涉及正多边形和瓷砖中的数学原理。

正多边形和瓷砖中的数学原理？

是的。正多边形是指各个角都相等，各条边都相等的多边形。边数为3的正多边形称为正三角形，边数为4的称为正方形，边数为5的称为正五边形……以此类推。

我记得你以前提到过正多边形，可是这跟瓷砖有什么关系？

在回答这个问题之前，我们先来了解一下正多边形每个内角的度数是多少吧。

我们知道，三角形的内角和等于180°，正三角形各个内角都相等，所以每个内角就是180°除以3，等于60°。

没错。首先你要知道三角形、四边形、五边形的内角和分别是多少。先来看任意一个四边形，它可以如下图所示分割成两块。

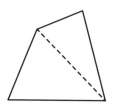

四边形就是把2个三角形拼接在一起！已知三角形的内角和等于180°，那么四边形的内角和是三角形内角和的2倍，也就是 $180° \times 2 = 360°$，对吧？

没错。那么正方形的每个内角又是多少度呢？

正方形的4个内角都相等，所以正方形的每个内角就是 $360° \div 4 = 90°$。

太棒了！柯马，你来算一下五边形的内角和吧。

五边形可以像下图这样分成3个三角形，也就是说五边形是由3个三角形拼接而成的。三角形的内角和是180°，那么五边形的内角和就是 $180° \times 3 = 540°$。

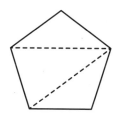

那正五边形的每个内角是多少度呢？

正五边形的各个内角相等，所以正五边形的每个内角是 $540° \div 5 = 108°$。

好。现在我来算一下正六边形的内角度数。正六边形可以分成4个三角形，如下图所示。也就是说，六边形是由4个三角形拼接而成的，三角形的内角和是 $180°$，所以六边形的内角和为 $180° \times 4 = 720°$。正六边形的各个内角相等，所以正六边形的每个内角是 $720° \div 6 = 120°$。

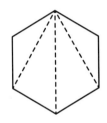

## 正多边形平面镶嵌问题
### 用多个相同的正多边形铺满平面

现在开始讲解前面提及的瓷砖问题。先想想怎么用同一种正多边形铺满平面吧。注意，这些正多边形不可以重叠摆放。

用正三角形、正方形、正五边形铺满平面？我先来试试！

且慢！正五边形可不能铺满平面。

为什么呀？我觉得所有的正多边形都可以的……

这就要看围绕一个点能否无缝拼接多个相同的正多边形了。这也跟正多边形的内角度数有关。拿正六边形来说，要想围绕一个点把多个相同的正六边形无缝拼接，就要从每个正六边形中拿出一个内角拼接在一起，形成360°，如下图所示。回忆一下，正六边形的每个内角是多少度呢？

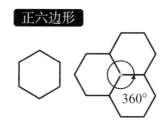

正六边形

正六边形的每个内角是120°。

对，$120° \times 3 = 360°$，所以把3个正六边形各拿出一个内角拼接在一起的话就是360°，也就是说，正六边形可以铺满平面。

正三角形的每个内角为60°，$60° \times 6 = 360°$，因此6个正三角形也可以围绕一点完美地拼出一个平面图形。

**正三角形**

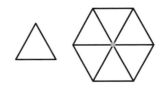

正方形的每个内角为90°，90° × 4 = 360°，因此，4个正方形也可以围绕一点拼出一个平面图形。

**正方形**

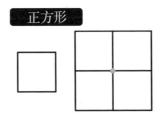

说得没错。那么，正五边形的每个内角又是多少度呢？

它的每个内角是108°。

那几个角加起来能达到360°呢？

如果能将□个正五边形各拿出一个内角拼接在一点构成360°，则有108° × □ = 360°，但是……没有能满足这个算式的自然数□啊！

啊？也就是说，它们拼接不出360°吗？

是的，正五边形无法围绕一点拼出一个平面图形。也就是说，正五边形无法铺满平面。

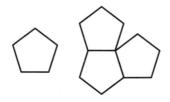

而正三角形、正方形、正六边形可以。

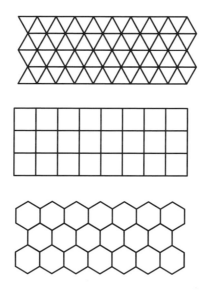

我现在才理解为什么床怪要提出用同一种正多边形铺满平面的问题。浴室，还有厨房的地面上铺贴的瓷砖就是这些形状。

真是这样呢，我家厨房的地面上铺贴的就是灰色正六边形瓷砖！

没错。厨房、浴室、阳台……家里很多地方都铺贴着正多边形瓷砖。

学校里也能看到很多这样的瓷砖，我要去考考我的同学们！

现在柯马都能给同学们出题啦，真是进步了不少呢！以前那个因为没考好数学而苦恼以至于晚上睡不着觉的柯马去哪儿了？

柯马现在好像对数学感兴趣了，是不是？

没错。虽然对我来说数学还是很难，但我充满了信心。

1. 求十二边形的内角和。

2. 求正八边形每个内角的度数。

3. 用正八边形能铺满平面吗？

※自测题答案参考103页。

### 正 $n$ 边形的内角度数

$n$ 边形可以分成（$n-2$）个三角形，因此 $n$ 边形的内角和都是 $180° \times (n-2)$。在正 $n$ 边形中，$n$ 个内角都相等，因此正 $n$ 边形的内角度数为 $180° \times (n-2) \div n$。

# 隐藏在蜂巢中的数学原理

前面我们了解了能够铺满平面的图形。在本专题中，我们会逐一计算这些图形的面积，进而得知在所有可铺满平面的正多边形中，当它们的周长相等时，面积最大的是正六边形。此外，本专题还会用到勾股定理，并介绍近似数和无理数的概念。

## 蜂巢原理

蜜蜂为什么要建造正六边形的巢？

在数学漫画中，蜂巢看起来像是用正六边形拼接起来的。蜜蜂为什么要建造正六边形的巢呢？

前面我们讲过，有些正多边形能够以一点为中心铺满整个平面，你还记得吗？能铺满整个平面的正多边形有正三角形、正方形和正六边形，当它们周长相等时，其中面积最大的是正六边形。

面积最大的是正六边形？我不太理解。

我来给你解释。假设有一根长12厘米的绳子，围成一个正三角形，如下图所示。

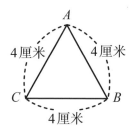

嗯，这个我能看懂。

用求三角形面积的公式来求这个正三角形的面积。首先，如图所示，过点 $A$ 画底边 $BC$ 的垂线。

我会画垂线！过顶点 $A$，画一条与底边成直角的线段与之相交就可以了。

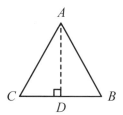

柯马画了垂线后，就有了两个三角形，这两个三角形，即 $\triangle ABD$ 与 $\triangle ACD$ 的面积相等。

没错，过顶点 $A$ 画底边 $BC$ 的垂线，将底边分割成的两条线段 $BD$ 和 $CD$ 的长度相等。去掉其中一个三角形后，剩下的三角形如下图所示，请仔细观察。

$\triangle ACD$ 是直角三角形，而被去掉的 $\triangle ABD$ 也是直角三角形。

没错。我们知道，直角三角形遵循勾股定理。

假设 $AD$ 的长度为□，则有 $4 \times 4 = 2 \times 2 + □ \times □$，

简单运算后可得 16 = 4 + □ × □。

就是说 □ × □ = 12。奇怪啊，没有相同的两个数相乘等于12吧？

自然数中当然是没有啦。等到了七年级，你会学到无理数。无理数中就有这样相同的两个数，它们的乘积等于12。

无理数？那是什么？我第一次听说。

不知道也没关系。现在我们用计算器，找到□的近似值就行啦。先看下列式子：

$$1 \times 1 = 1$$
$$2 \times 2 = 4$$
$$3 \times 3 = 9$$
$$4 \times 4 = 16$$

12介于9和16之间，所以□是介于3和4之间的某个数。现在准备好计算器！如果没有计算器，可以使用手机或电脑中的计算器程序。试着进行下列计算：

$$3.1 \times 3.1 = 9.61$$
$$3.2 \times 3.2 = 10.24$$
$$3.3 \times 3.3 = 10.89$$
$$3.4 \times 3.4 = 11.56$$
$$3.5 \times 3.5 = 12.25$$

果然数钟在计算方面很厉害。12 在 11.56 和 12.25 之间，因此□应该是介于 3.4 和 3.5 之间的数。

没错。现在增加到小数点后两位，再用计算器算一下。

$$3.41 \times 3.41 = 11.628\ 1$$
$$3.42 \times 3.42 = 11.696\ 4$$
$$3.43 \times 3.43 = 11.764\ 9$$
$$3.44 \times 3.44 = 11.833\ 6$$
$$3.45 \times 3.45 = 11.902\ 5$$
$$3.46 \times 3.46 = 11.971\ 6$$
$$3.47 \times 3.47 = 12.040\ 9$$

11.971 6 比 12.040 9 更接近 12，对吧？

可是 11.971 6 不是小于 12 吗？

那当然。所以□比 3.46 大，比 3.47 小，是 3.46…。

"…"是什么意思？

"…"就是一直都会出现数字的意思。现在四舍五入保留一位小数。

这个我知道！四舍五入保留一位小数就要看小数点后第二位的数。当小数点后第二位的数为 0，1，2，3，4 时，舍去该数位及之后数位上的数，小数点后第一位的数字不变；当小数点后第两位的数字为5，6，7，8，9时，舍去该数位及之后数位上的数，小数点后第一位的数字加1。在3.46…中，小数点后第二位的数字是6，四舍五入保留一位小数就是3.5。

但这不是准确值吧？

那当然，这样四舍五入得出的数值叫作近似数。好了！我们再回到原来的问题，现在用近似数来进行下一步计算。如下图所示，周长为12厘米的正三角形面积约为 $4 \times 3.5 \div 2 = 7$（平方厘米）。

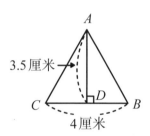

现在来看看正方形吧。用长12厘米的绳子围成一个正方形，如下图所示，该正方形的边长为3厘米，那么面积是 $3 \times 3 = 9$（平方厘米）。

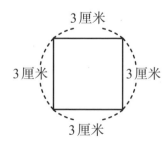

用长度相等的绳子围成的正方形比正三角形的面积更大！那如果围成正六边形，面积还会更大吗？

用长 12 厘米的绳子围成一个正六边形，如下图所示，它的边长为 2 厘米。

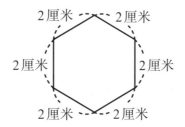

可是这个正六边形的面积要怎么计算呢？

给你点儿提示吧。如下图所示，它可以分割成 6 个面积相等的正三角形。

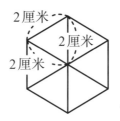

原来这个正六边形是由 6 个边长为 2 厘米的正三角形组成的呀。那么我来计算一下边长为 2 厘米的正三角形的面积。要算一个正三角形的面积，首先要从一个顶点向底边作垂线，将其分割成两个直角三角形。

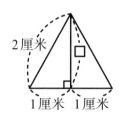

2厘米

1厘米 1厘米

哇！柯马现在数学学得挺不错！

这有啥，小菜一碟，你们之前不都教过我了吗？现在求这个正三角形的高□就行了。根据勾股定理，$2 \times 2 = 1 \times 1 + \square \times \square$，所以只要找到$\square \times \square = 3$的数就可以了。

没错。相同的两个数相乘，找乘积为3的数且保留一位小数时，在小数点后第二位进行四舍五入得到近似数就可以了。

好，我试试。

$$1.6 \times 1.6 = 2.56$$
$$1.7 \times 1.7 = 2.89$$
$$1.8 \times 1.8 = 3.24$$

所以$1.7 \times 1.7$最接近3。

由于要进行四舍五入，因此要计算到小数点后两位。

知道了！我再算算。

$$1.71 \times 1.71 = 2.924\,1$$

$$1.72 \times 1.72 = 2.958\,4$$
$$1.73 \times 1.73 = 2.992\,9$$
$$1.74 \times 1.74 = 3.027\,6$$

啊哈！有了！ $1.73 \times 1.73$ 最接近 3。那么□ = 1.73…
在小数点后第二位进行四舍五入，可得□ ≈ 1.7 了。
所以边长 2 厘米的正三角形面积大约是 2 × 1.7 ÷
2 = 1.7（平方厘米）。由此可得，正六边形的面积
约为 1.7 × 6 = 10.2（平方厘米）。哇！果然比正方
形的面积更大。

没错。在所有可铺满整个平面的正多边形中，当
周长相等时，正六边形的面积最大。蜜蜂正是为
了储存更多的蜂蜜，才把巢建成了正六边形。

蜜蜂才是真正的数学天才啊。

1. 求 3.48 四舍五入保留一位小数的近似数。

2. 求 0.803 四舍五入保留两位小数的近似数。

3. 求边长为 8 厘米的正三角形的面积。（正三角形的高采用四舍五入保留一位小数的近似数。）

※ 自测题答案参考 104 页。

## 无理数

我们来解一下□ × □ = 2中的□吧，这里的□叫作2的算术平方根，记作$\sqrt{2}$，读作"根号2"，即$\sqrt{2} \times \sqrt{2} = 2$。它是一个"无理数"。

接下来，让我们来算一下$\sqrt{2}$具体是多少吧。也就是说，我们要找到乘积为2的相同的两个数。

先来求1.3，1.4，1.5的平方。

$$1.3 \times 1.3 = 1.69$$
$$1.4 \times 1.4 = 1.96$$
$$1.5 \times 1.5 = 2.25$$

其中，1.4和1.4的乘积最接近2。因此，要想相同的两个数乘积为2，必须比1.4大一点儿。

接着，我们来确定小数点后第二位。

$$1.41 \times 1.41 = 1.988\ 1$$
$$1.42 \times 1.42 = 2.016\ 4$$

1.41和1.41的乘积要比1.42和1.42的乘积更

接近2。然后，我们继续确定小数点后第三位。

$$1.413 \times 1.413 = 1.996\ 569$$
$$1.414 \times 1.414 = 1.999\ 396$$
$$1.415 \times 1.415 = 2.002\ 225$$

1.414和1.414的乘积最接近2。

通过这种方式，持续地寻找乘积更接近2的数，叫得到如下结果：

$$\sqrt{2} = 1.414\ 213\ 562\ 373\ 095\ 04\cdots$$

因此，四舍五入保留三位小数的话，就是$\sqrt{2} \approx 1.414$。

# 圆和圆周率的故事

　　本专题将介绍圆、圆的半径和直径，以及圆的周长、圆周率等内容。你知道吗？数学家们将3月14日定为"国际圆周率日"，也是"国际数学日"，可见圆周率与数学，以及世界的联系。这一天又被称为"π 节"，是不是很有趣？本专题的最后，我们还将介绍德国数学家莱布尼茨提出的圆周率计算方法，了解如何用分数计算圆周率。

# 现身数学音乐决赛的圆周率

## 圆和圆周率

今天要讲解的主题是圆和圆周率。因为圆和圆周率是和图形与几何相关的内容，所以换我出马啦。

在数学音乐大赛决赛中看到的"圆周率"组合，真是太厉害啦。我都快成她们的超级歌迷了。

哎呀，先别说这个了。柯马，咱们可以谈数学了吗？你说说看，圆是什么？

圆不就是个圈圈吗？

没错。圆是在同一平面内，到定点的距离等于定长的点的集合。也可以这样看，在一个平面内，线段OA绕它固定的一个端点O旋转一周，另一个端点A所形成的图形叫作圆。其固定的端点O叫作圆心，线段OA叫作半径。

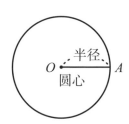

原来半径就是连接圆心到圆上任意一点的线段呀。

那么圆的直径又是什么呢？

仔细看看下面的图，通过圆心，并且两端都在圆上的线段叫作圆的直径。

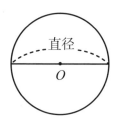

比较直径和半径的长度，你就会发现直径 = 半径 + 半径，也就是说直径恰好是半径的两倍。

从图上看还是很明显的，从圆上的一点连到圆心的线段就是半径，将它延长到圆上另一点产生的线段就是直径。

没错。你理解得很准确！

那么圆周率又是什么呢？

要弄懂圆周率，首先要知道什么是圆周。圆周率中的"圆周"就是指圆的周长。圆周率就是圆的周长与直径的比值，它是一个固定的数。

那么，人们是怎么发现圆周率的呢？

历史上，圆周率是古代数学经久不衰的话题。在古代，中国人、希腊人、巴比伦人和埃及人对此都有所发现。古希腊数学家阿基米德甚至严谨地计算出了圆周率的近似值。

就是那个泡澡时发现"阿基米德原理"的阿基米德？

没错。公元前287年，阿基米德出生在叙拉古——一座位于意大利南部西西里岛的美丽城市。阿基米德的父亲是一名天文学家，受家庭影响，他从小就喜欢研究科学。阿基米德小时候还喜欢去海边玩，贝壳、乌龟和海豚都是他的朋友。每当风平浪静的时候，他都会在海边学习，还经常在海边的沙滩上做数学题。

年轻时，阿基米德曾随父亲一同前往埃及，在当时数学和物理学研究水平很高的城市亚历山大学习。据说，他在那里曾与科农一起学习数学和物理学。科农是古希腊最优秀的数学家之一——欧几里得的学生。阿基米德在数学和物理学方面表现出卓越的才能，与科农亦师亦友。阿基米德经常去亚历山大图书馆看书。该图书馆是当时世界上最大的图书馆之一，各种图书应有尽有，他在那里进行了大量的阅读，包括数学家欧几里得的书。

在埃及完成学业后，阿基米德回到了叙拉古。当时叙拉古的国王——希伦二世是阿基米德父亲的朋友。在他治下，叙拉古与罗马结盟，因而叙拉古人过上了一段和平的日子，他对阿基米德也一直颇为礼遇。在这种优裕的环境下，阿基米德做了大量的研究工作，在数学和物理学方面取得了许多重要的成就，其中就包括用圆的内接和外切正多边形逼近圆周的方法，算出圆周率介于 $3\frac{10}{71}$ 和 $3\frac{1}{7}$ 之间。

现在，人们一般用希腊字母"π"（pài）表示圆周率。

$$\frac{\text{圆的周长}}{\text{直径}} = \pi$$

那圆周率具体是多少呢？

为了方便计算，圆周率一般取它的近似值3.14。实际上，圆周率是一个无限不循环小数，即 3.141 592 653 589 793 238 462 643 383 27…四舍五入保留两位小数就是3.14。想多记住圆周率小数点后几位数的话，有一个好方法，如下图所示。

这是个什么背诵方法？

你读一读，就能发现这句话是"3.141 592 653 589 793 23"的谐音，对不对？

原来如此。

现在只要知道圆的直径或半径，就可以求出圆的周长了。直径是半径的两倍，所以可得以下计算公式：

$$圆的周长 = 直径 \times \pi$$
$$= 半径 \times 2 \times \pi$$

我会求圆的周长了。

那你们知道 3 月 14 日是什么日子吗?

唔……不清楚。

对于喜欢数学的人来说，3 月 14 日就是 π 节。

是啊，因为 π ≈ 3.14。

还有，伟大的物理学家爱因斯坦，就是在 π 节出生的。

哇!

著名的物理学家斯蒂芬·霍金在 π 节去世。

π 节真是发生了很多事情啊!

1. 求直径为5厘米的圆的周长。（ π 取3.14 ）

2. 求半径为3厘米的圆的周长。（ π 取3.14 ）

3. 计算以下图形的周长。（ π 取3.14 ）

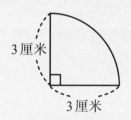

3厘米

3厘米

※自测题答案参考106页。

## 用分数表示圆周率

德国数学家莱布尼茨发现了用分数表示圆周率的方法，并证明了圆周率可以用分数的加减表示，具体如下：

$$圆周率 = 4 \times \left(1 - \frac{1}{3} + \frac{1}{5} - \frac{1}{7} + \frac{1}{9} - \frac{1}{11} + \cdots\right)$$

有一些研究者将其称为 π 的莱布尼茨公式。有趣的是，该公式中分数的分母为1，3，5，7，9等奇数，而分子都为1，加减运算交替出现。

利用这一公式求得圆周率的近似值3.14时，需要使用大量的分数。加、减大约700个分数，才能得到圆周率的近似值，约为3.140 16。

# 圆和扇形的面积

　　我们知道，要想在一整盘比萨中选出最大的一块，只要选择扇形的圆心角最大的那块就可以了。本专题从这种日常生活中容易碰到的问题入手，由表及里地探讨其中的原理，再回到数学中圆和扇形面积的求解方法及其应用问题。

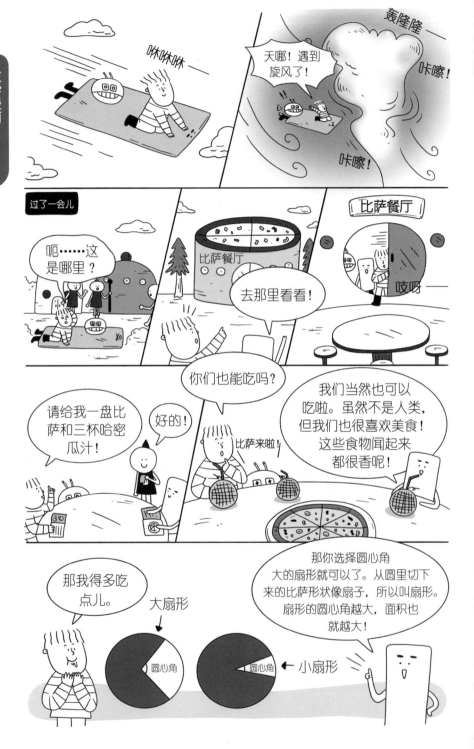

# 如何选到一块更大的比萨呢?

**扇形的面积**

沿着一块圆形比萨的半径切下若干块扇形比萨, 要想选出其中最大的那块, 只要选择圆心角最大的即可, 是不是很有趣?

是啊。以前吃比萨的时候, 从没想过这也与数学有关系, 但现在我觉得生活中数学无处不在, 真是太有趣了!

我也觉得柯马对数学越来越感兴趣了。接下来, 我们就来了解圆的面积吧! 圆的面积可用以下公式求得:

$$圆的面积 = 半径 \times 半径 \times \pi$$

能详细地解释一下这个公式是怎么来的吗? 光让我死记硬背的话, 恐怕太难了。但如果明白了其中的原理, 即使不背也会自然而然地想起来, 所以我还是想要知道这个公式的由来。

要想弄懂这个, 首先要知道什么是扇形。在比萨餐厅吃比萨的时候, 我们就提到过扇形。

扇形? 我想起来了。我们在比萨餐厅切比萨的时

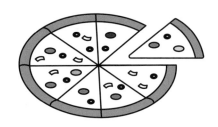

候，就说到一块切下来的比萨的形状是扇形。

没错，就是那个扇形。一整张比萨是个圆，沿圆的半径把圆切成若干块后，每一块的形状就是扇形。看看下图，先把圆分成大小相等的4块，就会出现4个扇形。扇形是由两条半径和圆的一部分组成的图形，圆的那部分叫作圆弧。此时两条半径的夹角称为扇形的圆心角。那么，现在这个扇形的圆心角是多少度？

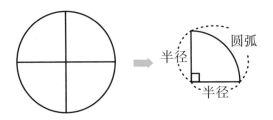

整个圆的圆心角是360°，把圆切成大小相等的4块，这个扇形的圆心角就是360°÷4＝90°，对吧？

没错，现在来算一下这个扇形的面积吧。这个扇形面积是圆面积的$\frac{1}{4}$，对吧？这个扇形的圆心角也是整个圆的圆心角360°的 $\frac{1}{4}$。这可不是巧合，360°的圆心角所对的扇形的面积就是整个圆的面积，1°的圆心角所对的扇形的面积就是圆的面积的 $\frac{1}{360}$，由此可知

扇形的面积 = 圆的面积 × $\dfrac{\text{扇形的圆心角}}{360°}$

现在，这个扇形的圆心角为90°，因此 $\frac{90°}{360°} = \frac{1}{4}$，再乘圆的面积，就是扇形的面积。

也就是说，要求扇形的面积，一定要知道圆的面积和扇形的圆心角。

# 如何用矩形的面积来求圆的面积？
## 圆的面积公式的推导过程

现在我来讲解一下圆的面积公式的推导过程。下图是分别将圆剪成8个扇形和16个扇形，又重新拼接在一起的情况。

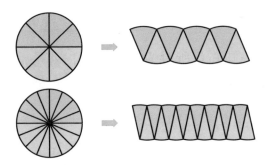

🤖 圆剪成扇形后重新拼接得到的图形，就像一个四边形。

📟 没错。下面我们剪出更多的扇形，再重新拼接起来。按照这种方式，如果将圆剪成无限多个小扇形，再将它们重新拼接，圆的面积就相当于长为圆周长的 $\frac{1}{2}$，宽为圆半径的矩形的面积。

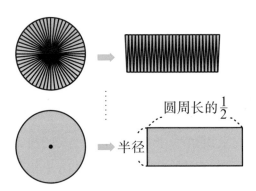

🤖 如此说来，既然圆的面积等于矩形的面积，那么

$$圆的面积 = 圆周长的 \frac{1}{2} \times 半径$$

由圆周长 = 半径 × 2 × π，可得

$$圆周长的\frac{1}{2} = 半径 × π$$

因此

圆的面积 = 半径 × 半径 × π

哇，脑子得转好几个弯呢。我好像理解为什么圆的面积公式是这样的了，不过有点儿复杂。

没错。这个公式看起来的确很复杂，不过一步一步地推导，还是很容易理解的。

## 圆和扇形面积的计算
### 相关应用题

现在我们来尝试解答一下与圆和扇形的面积相关的应用题吧。求下图阴影部分的面积，π 取 3.14。

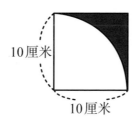

😟 阴影部分不是扇形吧，怎么求面积？我从来没学过如何求得这种图形的面积。

😐 要不要给你点儿提示？用减法就可以了。

😟 减法？我还是不明白……

🤖 我明白了！我来画个图吧，柯马你也会马上理解的。

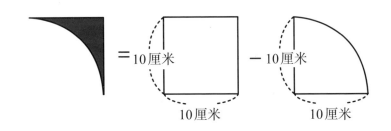

😄 啊哈！原来只要用正方形的面积减去扇形的面积就可以了，这样确实不难。正方形的面积是 $10 \times 10$，扇形的面积是 $\frac{1}{4} \times 3.14 \times 10 \times 10$，对吧？所以阴影部分的面积也就是 $10 \times 10 - \frac{1}{4} \times 3.14 \times 10 \times 10 = 21.5$（平方厘米）。

🤖 对！画出图形是不是就很容易理解了？

😐 干得好，柯马，你非常棒！我们再来看一个与圆的面积有关的题目吧。这回要画出两个新月哦，先看下图。

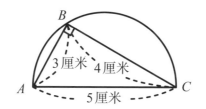

 直径为5厘米的圆里有个直角三角形呢。

没错。但还没有结束，再分别以线段 *AB* 和线段 *BC* 为直径画两个半圆，见下图。

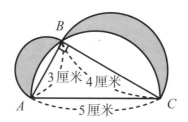

哇！黄色的部分是两个新月的形状。

接下来，我们要计算出这两个新月形的面积之和。

该怎么算呢?

先看下图，就很容易理解了。

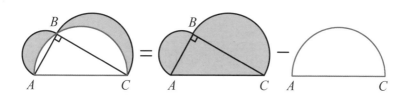

两个新月形的面积之和，等于以线段 $AB$ 和线段 $BC$ 为直径的两个半圆的面积加上直角三角形 $ABC$ 的面积，再减去以 $AC$ 为直径的半圆的面积。

没错。柯马好厉害啊！先按顺序算一下各部分的面积吧。请注意，半径是直径的一半哦。$\pi$ 还是取 3.14。

以线段 $AB$ 为直径的半圆的面积为

$$\frac{1}{2} \times 3.14 \times 1.5 \times 1.5 = 3.532\,5\ （平方厘米）$$

以线段 $BC$ 为直径的半圆的面积为

$$\frac{1}{2} \times 3.14 \times 2 \times 2 = 6.28\ （平方厘米）$$

直角三角形 $ABC$ 的面积为 $\frac{1}{2} \times 3 \times 4 = 6$ （平方厘米）

以线段 $AC$ 为直径的半圆的面积为

$$\frac{1}{2} \times 3.14 \times 2.5 \times 2.5 = 9.812\,5\ （平方厘米）$$

再列出算式如下：

$$\begin{aligned} 两个新月形的面积之和 &= 3.532\,5 + 6.28 + 6 - 9.812\,5 \\ &= 6\ （平方厘米） \end{aligned}$$

虽然有点难，但只要画出图形、有序思考、依次计算，像我这样数学不好的学生也完全可以做出来。好有成就感！

1. 求半径为10厘米的圆的面积。（π取3.14）

2. 求圆心角为36°、半径为8厘米的扇形面积。（π取3.14）

3. 求下图阴影部分的面积。（π取3.14）

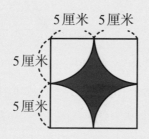

※自测题答案参考107页。

## 古代如何计算圆周率

公元前3世纪，古希腊数学家阿基米德发现：当正多边形的边数增加时，它的形状就越来越接近圆。这一发现提供了计算圆周率的新途径。

中国古代，有许多数学家对圆周率进行了研究。东汉初年的《周髀（bì）算经》里就有"周三径一"的说法，这指的是圆周长与直径的比为3∶1。魏晋时期的数学家刘徽用他首创的"割圆术"，得到了较精确的圆周率近似值3.14。

南朝的祖冲之（429—500）在公元5世纪又进一步求得 π 的值在3.141 592 6和3.141 592 7之间，他是世界上第一个将圆周率精确到小数点后七位的人。

# 生活中的圆、圆环和多边形

　　本专题将讲述日常生活中常见的圆、圆环和多边形。我们在奥运会的五环旗以及车轮上能找到圆和圆环，在道路上也能找到圆和圆环。我们在生活中还能找到各种各样的多边形，如花坛、停车位、大坝的截面、蜂巢、书本等。在日常生活中寻找圆、圆环和多边形，观察和分析它们，能帮助我们更好地理解原本感觉很难的图形问题。希望大家多去生活中寻找圆、圆环和多边形，归纳整理各种图形的特征和性质。

## 寻找生活中隐藏的圆和圆环
### 隐藏在道路和旗帜中的圆和圆环

现实中真的有城市修建圆环形的道路吗?

当然有了。法国首都巴黎的凯旋门周围就有美丽的圆环形道路，请看下图。你在网上搜索一下，就可以看到卫星拍摄的实景图了。

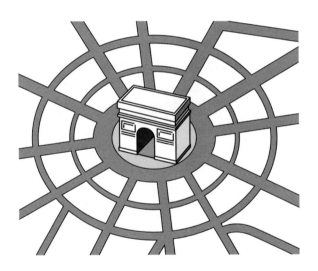

所谓圆环，就是一个大圆挖去一个小同心圆剩下的部分。

那我来搜索看看是什么样子的。从卫星图上看确实非常壮观，直线道路和圆环形道路的组合非常和谐，令人赏心悦目！

巴黎的凯旋门竣工于1836年，是法兰西第一帝国皇帝拿破仑一世为纪念奥斯特里茨战役取得胜利而修建的。神奇的是，这12条道路中相邻两条之间的夹角保持在30°左右，就像阳光一样向各个方向辐射。而且，这12条直线道路均与3条圆形道路相交。

真漂亮！

我突然想起来在电视上观看奥运会时，飘扬的奥林匹克旗上也有圆环形。

没错。奥林匹克旗也被称为五环旗。

五环旗？

五环旗的旗面中央有5个相互套连的圆环，5个圆环象征五大洲：欧洲、亚洲、非洲、大洋洲、美洲。

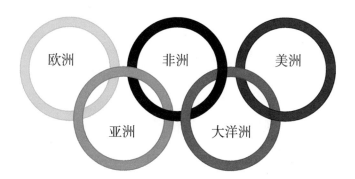

对了，在介绍世界神秘事件的资料中，我看到过一些叫作"麦田怪圈"的图案，其中也有很多圆

形和圆环。这个"麦田怪圈"是什么啊？

关于麦田怪圈的最早记录，可追溯到1678年英国的一幅木板版画。麦田怪圈是指在麦田或其他田地上，莫名产生的几何图案。因为它们的形状大多比较对称，所以有人相信这是乘坐不明飞行物来地球的外星人留下的杰作。

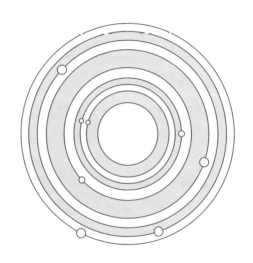

天哪！你们不会是外星人吧？

哎哟！怎么可能！

你不是亲眼看到数学精灵把我们变成现在这个样子的吗，我原来就是你的床呀！

我就是放在你床边的闹钟啊！

况且，麦田怪圈也有可能是人为的……

啊，对！言归正传，在生活中运用圆和圆环的例子还有哪些呢？

生活中运用圆和圆环的地方太多了。比如CD光盘，虽然现在已经很少使用，但以前人们都是用CD光盘听音乐的，而CD光盘就是圆环形的。

车轮不也用到了圆形吗？

那当然了。

车轮为什么不做成四边形或三角形，而非得是圆形呢？

车轮要投入实际应用，必须同时满足至少两个条件：一是能够在较小的力的作用下发生滚动，因为滚动时的摩擦力比滑动时小；二是行进时能保持平稳，不颠簸。圆形的物体不仅容易滚动，而且在滚动时，它的中心到地面的距离能够始终保持不变，等于半径，这样在平坦的路面上行进时就会让人感到平稳。也就是说，只有在车轮是圆形的时候才能满足上述两个条件，兼顾效率和稳定性。

原来如此。我明白了！谢谢你，床怪。

## 寻找隐藏在日常生活中的多边形
### 世上竟然有这种多边形！

我们刚才找出了不少隐藏在日常生活中的圆和圆环，但好像没有细说我们在生活中使用的多边形，是不是？

没错。不过实际上我们已经提到过一些了，你好好回想一下。看看周围，我们马上就能找到各种各样的多边形。我们上次说到过厨房和浴室的瓷砖是多边形的，蜂巢是正六边形的。窗户、门、桌子、黑板、储物柜、书本等也都包含了多边形。

真的是这样呢。我得先找找我房间里的多边形。可以粘贴的便利贴和相框都是四边形的，我房间里的钟是正六边形的。太神奇了！生活中还有使用多边形的例子吗？

当然有啦，要多少有多少。你看看餐桌，一般是不是有四条桌腿？在组装固定桌腿的时候，有时会用到内六角螺钉，这种螺钉头部有一个正六边形的凹槽。

不是还有凹槽为一字形和十字形的螺钉吗？

没错。相较于一字形或十字形，螺钉的凹槽做成正六边形的话，因为受力面多，所以可以承担更大的载荷。因此，在制作餐桌等较重的家具时，会用内六角螺钉联结桌板和桌腿。最近还出现了一种内星形螺钉，它比正六边形螺钉能承担的载荷更大。

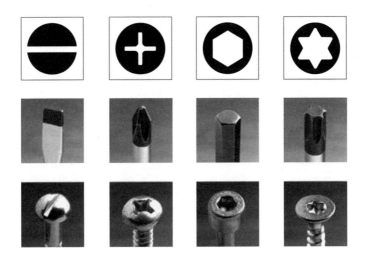

一字螺钉用一字螺丝刀拧紧或拧开，十字螺钉用十字螺丝刀拧紧或拧开，那内六角螺钉该用什么工具呢？

拧紧或拧开内六角螺钉的工具不叫螺丝刀，而叫内六角扳手，如下图所示。

😬 啊哈！内六角扳手的截面形状为正六边形，正好与内六角螺钉的正六边形凹槽匹配。

😣 这是L形的，该怎么使用呢？

😮 使用内六角扳手时，将短边插入内六角螺钉的正六边形凹槽中，用手握住长边转动。这样就可以轻松地把内六角螺钉拧紧或拧开了。

😬 原来是这样！

1. 当半径变为原来的2倍时，圆的面积是原来的多少倍？

2. 如下图所示，将半径为7厘米的两个圆重叠在一起，重叠部分长度为5厘米，线段AC和线段BD分别为两个圆的直径。求线段AB的长度。

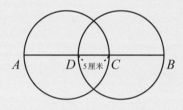

3. 如下图所示，将以同一个点为圆心，半径分别为5厘米和10厘米的两个圆八等分，求阴影部分的面积。

※ 自测题答案参考108页。

## 轮轴的原理

轮轴由具有共同转动轴的大轮和小轮组成。通常把大轮叫轮，小轮叫轴。轮轴工作时，用不大的力转动轮，在轴上就能产生较大的力。因此，我们可以通过转动轮轴的轮来更省力地转动轴。

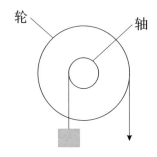

我们来看一些应用轮轴的例子吧。先看看螺丝刀：手柄半径大，相当于轮；刀头半径小，相当于轴。拧螺丝时，用较小的力转动手柄，可以产生较大的力作用于刀头，使螺丝拧紧。接下来看一下汽车的方向盘，为什么要把它制造得比较大呢？这是为了让司机更加轻松地操作转向。司机只要在方向盘上施加一点力，方向盘就能带动中间的轴转动，与之相连的车轮也就能随之转动。另外，门把手也应用了轮轴。门把手部分半径大，与门把手连接的部分半径小，这样转动门把手就可以省力地将门打开了。

　　你发现了吗？轮轴的原理实际上就是杠杆原理。施力部位（施力点）远离轴心（支点），受力部位（受力点）靠近轴心，可产生较大的作用力。

扫一扫前勒口二维码，立即观看郑教授的视频课吧！

# 开普勒定律

　　本专题首先讲述了开普勒根据其恩师第谷·布拉赫对火星运动轨迹的大量观测数据，发现行星围绕太阳运动的轨道是一个椭圆。接着，我们会从另一个角度去认识圆，把它看作一个长半轴长与短半轴长相等的特殊的椭圆。另外，还介绍了画椭圆的方法：确定两个焦点之后，利用拽紧的线作画。最后，在视频课中，我们还会谈谈求解椭圆面积的方法。

# 解开奥秘的开普勒
## 在椭圆形轨道上绕着太阳公转的行星

行星是什么？

我们知道，像太阳一样，能够自己发光发热的天体叫作恒星，我们在夜空中看到的星星绝大多数都是恒星。行星则是环绕恒星旋转的天体，在夜空中偶尔能看到。

行星就是绕着太阳运动的地球、月亮这些天体吧？

不是的，柯马。地球是行星，但月亮不是。太阳系共有八大行星，按照离太阳的距离从近到远，它们依次为水星、金星、地球、火星、木星、土星、天王星、海王星。以前冥王星也在行星之列，但从2006年开始它被划分为矮行星，不再属于行星了。

那月亮呢？月亮围绕地球运动的同时，也在围绕太阳运动啊，不也算围绕恒星运动的天体吗？

话虽如此，但月亮只是围绕地球运动而已，它不能脱离地球的影响，直接绕太阳运动。像月亮这样围绕一颗行星运动的天体叫作卫星。月亮是地球的卫星。

原来如此。数学漫画里的开普勒发现火星绕太阳公转的轨道是椭圆形的，我以前还以为所有行星绕太阳公转的轨道都是圆形的呢，原来不是这样。

在开普勒公开这一发现之前，人们也都是这么想的。很久很久以前，人们甚至认为太阳绕着地球旋转。当然，这个想法是错的。后来，人们又认为包括地球在内的太阳系的所有行星是沿圆形轨道围绕太阳旋转的。

但通过实际观测发现，行星的运行轨道不是圆形的。

没错。丹麦科学家第谷·布拉赫对火星的运行轨道进行了精确的观测，并记录了数月的观测数据，发现火星并不是以太阳为中心做圆周运动的。但第谷·布拉赫不太擅长数学，无法更深入地研究这些数据，于是他招募了擅长数学的助手——开普勒，开普勒在仔细研究第谷·布拉赫的数据之后，发现所有行星绕太阳运动的轨道都是椭圆形的，而太阳在椭圆两个焦点中的一个上。

哇！好难啊……焦点是什么？椭圆的两个焦点又是怎么回事？

别担心，我来介绍一下椭圆的画法，你就能明白啦！先固定两枚图钉，让它们之间保持一定的距离。

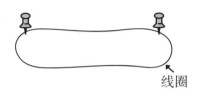

然后挂上一条线圈，如下图所示。

线圈

再像下图这样，套上铅笔，拉紧线圈，画出一个闭合的轨迹，这个轨迹就是椭圆。

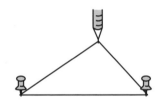

原来像这样把线圈拉成一个三角形，然后绕着这两个图钉作画，就可以画出椭圆啊。

很简单，对吧？

此时图钉所在的位置就是椭圆的焦点。

椭圆的焦点有两个。

没错，请看下图。

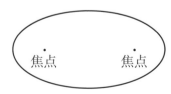

焦点　　　　焦点

开普勒发现太阳位于两个焦点之一处，行星围绕此焦点沿着椭圆轨道运动。

圆有半径，那椭圆也有吗？

圆是围绕一个点，并以一定长度为距离运动一周所形成的轨迹。但椭圆不一样，椭圆有长半轴和短半轴。

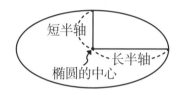

啊哈！那当长半轴和短半轴的长度相同时，就是个圆啦！

厉害呀！如果两个椭圆的长半轴长和短半轴长的比值相等，那么这两个椭圆相似。

是不是离太阳越远，绕太阳一周所需的时间就越长？

没错。开普勒也曾研究过这个问题。他发现行星绕太阳一周的恒星时间与它们轨道的长半轴长之间有着非常有趣的关系。

是什么关系？

假设行星绕太阳一周的恒星时间为 $T$，椭圆的长半

轴长为 $A$，那么 $T \times T$ 与 $A \times A \times A$ 成正比例关系。

正比例是什么意思？

当 $X$ 变成原来的2倍、3倍、4倍……时，$Y$ 也随之变成原来的2倍、3倍、4倍……像这样，两种相关联的量，一种量变化时另一种量也随着变化，如果这两种量中相对应的两个数的比值一定，这两种量就叫作成正比例的量，它们的关系叫作正比例关系。回到上面的例子，我们可以说 $X$ 和 $Y$ 成正比例关系。

所以当 $A \times A \times A$ 变成原来的2倍、3倍、4倍……时，$T \times T$ 也随之变成原来的2倍、3倍、4倍……

对。也就是说，$A$ 变大的话，$T$ 也会随之变大。轨道的长半轴长变大，意味着行星离太阳的距离越来越远。所以行星离太阳越远，绕太阳一周所需的时间就越长。

相较于地球，水星和金星离太阳更近，所以它们绕太阳一周所需的时间也比地球短。

是的。火星、木星、土星、天王星、海王星离太阳比地球远，所以它们绕太阳一周所需的时间比地球长。

所以说，在八大行星中，海王星绕太阳一周所需的时间最长，水星最短。

# 获得椭圆的方法

## 如何让椭圆更接近圆？

椭圆这么有意思，你能再给我讲一些吗？

好啊。我来告诉你一个获得椭圆的简单方法吧。

什么方法？

如下图所示，把圆锥斜着切开，就会出现椭圆。

哇，好神奇呀！

是的！下面我们了解一下想要椭圆更接近圆，需要哪些条件吧。请看下面两个椭圆。

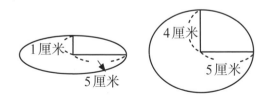

左边的椭圆好像更扁。

对。右边的椭圆是不是看起来更接近圆？

是啊。

有一个办法可以知道椭圆有多接近圆。如果椭圆的长半轴长和短半轴长相等，就是一个圆。所以，我们可以计算一下椭圆短半轴长与长半轴长的比值。

左边椭圆的长半轴长为 5 厘米，短半轴长为 1 厘米，所以短半轴长与长半轴长的比值为 $\frac{1}{5}=0.2$。

右边椭圆的长半轴长为 5 厘米，短半轴长为 4 厘米，所以短半轴长与长半轴长的比值为 $\frac{4}{5}=0.8$。

0.8 是不是比 0.2 更接近 1？所以椭圆的短半轴长与长半轴长的比值越大，其形状就越接近圆。当这个比值为 1 时，椭圆就是圆。

原来如此。

之前我们一直在讨论圆和多边形，我感觉自己每时每刻都在东张西望，想要寻找隐藏在日常生活中的圆和多边形，现在又多了椭圆。

哈哈，观察周围环境是个好习惯。不过走路时还是要小心哟，柯马！

1. 求长半轴长为20厘米、短半轴长为10厘米的椭圆面积。（椭圆的面积 = 长半轴长 × 短半轴长 × π，π 取3.14）

2. 长半轴长为3厘米、短半轴长为2厘米的椭圆和长半轴长为6厘米、短半轴长为4厘米的椭圆相似吗？

3. 短半轴长与长半轴长的比值为 $\frac{1}{2}$ 的椭圆和短半轴长与长半轴长的比值为 $\frac{3}{4}$ 的椭圆，哪一个更接近圆？

※自测题答案参考93页。

## 椭圆的面积

我们已经学过圆的面积公式：半径 × 半径 × π。

那么，椭圆的面积该如何计算呢？

在概念整理自测题的第1题中，我们给出了椭圆的面积公式：

椭圆的面积 = 长半轴长 × 短半轴长 × π

想要证明这个公式，需要了解微分和积分的知识，这些知识上了大学才会学到。但我们可以记住并运用这个公式。总之，圆是椭圆的一种特殊情况，椭圆的长半轴长与短半轴长相等时，就是圆。

扫一扫前勒口二维码，立即观看郑教授的视频课吧！

专题 总结

# 附 录

## 数学家的来信

## 开普勒

（Johannes Kepler）

　　大家好！很高兴见到大家。我叫开普勒，一位来自德国的天文学家、物理学家和数学家。我还入选了"17世纪天文学革命重要人物"。

　　关于我的主要成就，首先要提到一个人，那就是我的恩师——丹麦天文学家第谷·布拉赫，他给我留下了大量的一手观测资料。下面，我先简单地介绍一下我自己，然后再给大家讲一讲老师和我的研究成果。

　　1571年，我出生在德国，小时候身体虚弱，疾病缠身，但对数学和天文学产生了浓厚的兴趣。我在13岁的时候进入了神学院。在神学院时，我接触到了哥白尼的学说，并成为哥白尼的忠实拥护者。大家都听说过哥白尼吧？他提出了"日心说"，认为"太阳位于宇宙的中心，其他行星包括地球都围绕太阳运动"。当时"地心说"依然占据主导地位，人们都相信太阳绕着地球转，现在看来是不是很好笑？但那时候大部分人都认为这是理所当然的。所以，哥白尼提出日心说着实需要很大的勇气。后来，日心说被认为是天文学史上最重要的发现之一。

17岁时，我进入杜宾根大学学习，并于20岁毕业。为了获得圣职，我又在神学院学习了4年。毕业后，我在奥地利格拉茨新教神学院担任教师，其间尝试着用正多面体去解释宇宙模型，并于1596年出版了《宇宙的奥秘》一书。该书以行星的数量为基础，捍卫了哥白尼的日心说。我在《宇宙的奥秘》中写道，上帝以太阳为中心创造了六颗行星的宇宙。这个世界上存在五种正多面体，行星之间嵌套着这五种正多面体，而行星之间的距离由这些正多面体决定。虽然这个想法后来被证明是错误的，但在当时被认为是奇思妙想。

我本人也因《宇宙的奥秘》一书而声名鹊起，有幸成为前面提到的第谷·布拉赫的学生和助手。恩师第谷·布拉赫去世后，我得到了他观测火星的数据。根据这些数据，我发现火星的轨道呈椭圆形，且公转速度不固定。靠近太阳时速度会变快，而远离太阳时则会变慢。我花了一年的时间也没解开这个谜题，后来突然有一天我想到："如果行星和太阳之间连着一根橡皮筋，这根橡皮筋会在同样的时间内扫过椭圆内同样的面积。此时，若行星靠近太阳，则速度较大，扫过的角度就大；若行星远离太阳，则速度较慢，扫过的角度就小。"

这就是我提出的开普勒第二定律。

我提出了开普勒第二定律，也知道了行星的轨道大致是椭圆的，但仍无法确定其准确形态。经过几个月的研究，我发现了一个公式，但是我认为这个公式不能完全表达我的想法，因此放弃了它，重新假设行星的运转轨道就是单纯的椭圆。又过了几个月，我终于有所发现。至此，关于行星运动的开普勒第一定律横空出世，即行星绕太阳运动的轨道都是椭圆，太阳处在椭圆的一个焦点上。1609年，我把开普勒第一定律和第二定律发表在了《新天文学》上。

说到行星与太阳之间的距离变化，托勒密的地心说认为行星都在被称为"本轮"的小圆形轨道上匀速转动，而哥白尼的日心说也同样引入了"本轮"这一概念。起初我也想用这一概念解释行星与太阳之间距离的变化，然而，我又对天体存在几何学上的规律深信不疑，这种解释方式显然与其背道而驰。所以我彻底放弃了行星轨道是正圆的执念，最终确定行星的轨道是一个椭圆，而太阳位于椭圆的一个焦点处。事实上，行星的轨道之所以是椭圆形的，是因为行星受到太阳引力与公转时产生的离心力的影响。

1618年，也就是我在《新天文学》上发表两个定律的9年后，我在看行星到太阳的距离及各个行星公转时间的数值表时，发现各个行星到太阳的距离的立方与行星公转周期的平方成正比，即开普勒第三定律。该定律最大的意义在于为经典力学的建立和牛顿（1643—1727）的万有引力定律的发现做出了重要的提示。

以上简单概括就是两点：第一，以我的恩师第谷·布拉赫的火星观测数据为基础，我确认了火星运动轨道形状是以太阳为焦点之一的椭圆；第二，我发现了关于行星运动的开普勒定律。承蒙各位推崇我为近代科学的先驱之一，不胜感激。

相信大家在今后的学习过程中，还会在教科书上见到我的名字，到时候再问候大家吧。再见！

# 泰勒斯定理的论证研究

元亨泰，2023年（云台小学）

**摘要**

本文介绍了泰勒斯定理，并论证了其推导过程。

## 1. 绪论

圆在日常生活中随处可见。例如，汽车的轮子、方向盘、圆桌等都包含圆。古希腊哲学家泰勒斯首次对圆的性质进行了研究。随后，古希腊数学家欧几里得又研究了圆的很多其他性质。

泰勒斯发现，在直径为$AB$的半圆圆周上，一个点$P$和两个点$A$、$B$形成的三角形必为直角三角形，即泰勒斯定理。具体如下图所示：

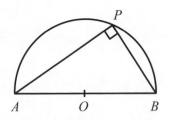

## 2. 泰勒斯定理的证明过程

下面试证明泰勒斯定理。连接 $P$ 和圆心 $O$，假设 $\angle PAO = \alpha$，$\angle PBO = \beta$。

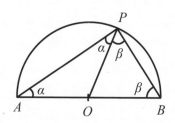

$OA$、$OP$、$OB$ 均为圆的半径，故长度相等。在 $\triangle OPA$ 中，$OA = OP$，故其为等腰三角形，其两个底角相等。因此，$\angle OPA = \alpha$；同理，$\angle OPB = \beta$。则有

$$\angle APB = \alpha + \beta$$

$\triangle OPA$ 的内角和为 $180°$，故

$$\angle AOP + \alpha + \alpha = 180° \qquad (1)$$

$\triangle POB$ 的内角和为 $180°$，故

$$\angle POB + \beta + \beta = 180° \qquad (2)$$

将式（1）与式（2）相加，则有

$$\angle AOP + \angle POB + \alpha + \alpha + \beta + \beta = 180° + 180° \qquad (3)$$

因 $AB$ 为直径，故 $\angle AOP$ 和 $\angle POB$ 相加为 $180°$，即

$$\angle AOP + \angle POB = 180° \qquad (4)$$

将式（4）代入式（3），可得 $180° + \alpha + \alpha + \beta + \beta = 180° + 180°$，则有

$$\alpha + \alpha + \beta + \beta = 180°$$

故

$$\alpha + \beta = 90°$$

即

$$\angle APB = 90°$$

## 3. 结论

本文推导证明了泰勒斯定理。学生按部就班地接受数学知识固然重要，但学会利用各种已知性质证明其本质更为重要。

**1.** 1 800°。

　　提示：十二边形可分割成10个三角形，故十二边形的内角和为180°×10＝1 800°。

**2.** 135°。

　　提示：正八边形可分割成6个三角形，故内角和为180°×6＝1 080°；正八边形的每个内角相等，故内角为1 080°÷8＝135°。

**3.** 不能。

　　提示：如果能围绕一点将□个正八边形拼接成一个平面，则有135°×□＝360°，没有能满足这个算式的自然数□，所以用正八边形不能铺满平面。

**1.** 3.5。

提示：3.48小数点后的第二位8大于5，小数点后第一位需加1，4 + 1 = 5，所以3.48四舍五入保留一位小数所得的近似数为3.5。

**2.** 0.80。

提示：0.803小数点后第三位3小于5，直接舍去，因此0.803四舍五入保留两位小数所得的近似数为0.80。

**3.** 27.6平方厘米。

提示：如下图所示。

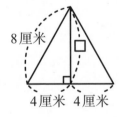

8厘米

4厘米　4厘米

走进数学的
奇幻世界！

根据勾股定理，$8 \times 8 = 4 \times 4 + \square \times \square$，故为
$\square \times \square = 48$。

$$6 \times 6 = 36$$
$$7 \times 7 = 49$$

$\square$是介于6和7之间的某数。

$$6.8 \times 6.8 = 46.24$$
$$6.9 \times 6.9 = 47.61$$
$$7.0 \times 7.0 = 49.00$$

$\square$必须比6.9大一点儿，现在计算小数点后
第二位：

$$6.91 \times 6.91 = 47.748\ 1$$
$$6.92 \times 6.92 = 47.886\ 4$$
$$6.93 \times 6.93 = 48.024\ 9$$

可见，$\square = 6.92\cdots$，则正三角形的高四舍
五入保留一位小数的近似数为6.9。故正
三角形的面积约为$8 \times 6.9 \div 2 = 27.6$（平方
厘米）。

**1.** 15.7厘米。

　　提示：圆的周长为 $3.14 \times 5 = 15.7$（厘米）。

**2.** 18.84厘米。

　　提示：圆的周长为 $2 \times 3.14 \times 3 = 18.84$（厘米）。

**3.** 10.71厘米。

　　提示：圆弧的长是半径为3厘米的圆周的四分之一。因此，图形的周长为 $3 + 3 + \frac{1}{4} \times 2 \times 3.14 \times 3 = 10.71$（厘米）。

走进数学的奇幻世界！

**1.** 314平方厘米。

提示：圆的面积为$3.14 \times 10 \times 10 = 314$（平方厘米）。

**2.** 20.096平方厘米 。

提示：扇形面积为$3.14 \times 8 \times 8 \times \dfrac{36°}{360°} = 20.096$（平方厘米）。

**3.** 21.5平方厘米。

提示：从边长为10厘米的正方形面积中减去半径为5厘米、圆心角为90°的4个扇形面积即可。因此，阴影部分的面积为$10 \times 10 - 4 \times \dfrac{90°}{360°} \times 3.14 \times 5 \times 5 = 21.5$（平方厘米）。仔细观察，题目中的4个扇形可以拼成一个圆，所以阴影部分的面积还可以用这个正方形面积直接减去半径为5厘米的圆的面积，即$10 \times 10 - 3.14 \times 5 \times 5 = 21.5$（平方厘米）。

**1.** 4倍。

提示：设圆原来的半径为$r$，则其面积为 $\pi \times r \times r$。半径变为原来的2倍后，圆的面积变为 $\pi \times 2r \times 2r = \pi \times r \times r \times 4$。所以圆的面积是原来的4倍。

**2.** 23厘米。

提示：两个圆的直径重叠在一起，重叠部分长度为5厘米。线段$AB$的长度可以用圆直径的2倍减去重叠部分的长度来计算，即线段$AB$的长度为 $7 \times 2 \times 2 - 5 = 23$（厘米）。

**3.** 29.437 5平方厘米。

提示：阴影部分的面积是半径为10厘米的圆的面积与半径为5厘米的圆的面积之差的$\frac{1}{8}$，即 $\frac{1}{8} \times (3.14 \times 10 \times 10 - 3.14 \times 5 \times 5) = 29.437 5$（平方厘米）。

走进数学的奇幻世界！

1. 628平方厘米。

   提示：椭圆的面积 = 长半轴长 × 短半轴长 × π = 20 × 10 × 3.14 = 628（平方厘米）。

2. 相似。

   提示：由于两个椭圆的长半轴长之比与短半轴长之比相等，即 3 : 6 = 2 : 4 = 1 : 2，因此两个椭圆相似。

3. 短半轴长与长半轴长的比值为 $\frac{3}{4}$ 的椭圆。

   提示：椭圆的短半轴长与长半轴长的比值越接近1，其形状就越接近圆。$\frac{1}{2}$ = 0.5，$\frac{3}{4}$ = 0.75，0.75比0.5更接近1，因此短半轴长与长半轴长的比值为 $\frac{3}{4}$ 的椭圆更接近于圆。

# 术语解释

### 阿基米德

阿基米德（Archimedes，前287—前212），古希腊学者。他确定了许多物体的表面积和体积的计算方法，提出了杠杆原理、阿基米德定律等。

### 地心说

古希腊时代，一种认为宇宙的中心是地球，所有其他天体围绕地球运动的学说，也被称为"地球中心说"。在16世纪哥白尼的日心说创立之前，该学说在世界范围内被人们普遍接受，但现在该学说已被证明并不科学。

### 第谷·布拉赫

第谷·布拉赫（Tycho Brahe，1546—1601），丹麦天文学家，主要专注于观测天象。他进行了大量的天体位置测量，其精确度达到肉眼观测所能获得的精度极限，观测误差小于2′。

# 术语解释

## 多边形

多边形是指在平面内，由三条或三条以上的线段首尾顺次相接所组成的封闭图形。边数为3的多边形称为三角形，边数为4的称为四边形，边数为5的称为五边形，边数为6的称为六边形，以此类推。需要注意的是：圆不是由线段组成的，故不是多边形；没有完全封闭的图形也不是多边形；多边形的边都在同一平面内。

## 哥白尼

哥白尼（Nicolaus Copernicus，1473—1543），波兰天文学家，日心说创立者，近代天文学的奠基人，著有《天体运行论》。

## 勾股定理

勾股定理是几何中的一个基本定理，指的是直角三角形的三边之间有一种特殊的关系，即斜边的平方等于两直角边的平方和。勾股定理又称为毕达哥拉斯定理。

# 术语解释

**近似数**

近似数是无法给出准确数值时，通过计算得出的接近准确数的一个数，也可称为近似值。

**开普勒**

开普勒（Johannes Kepler，1571—1630）是德国天文学家、物理学家和数学家。他总结了第谷·布拉赫的观测资料，发现行星沿椭圆轨道绕太阳公转，提出了关于行星运动的开普勒定律，是近代科学发展的先驱。

**日心说**

由哥白尼提出并做系统论述，认为地球和其他行星绕着太阳运动的学说，也被称为"太阳中心说"。

**扇形**

扇形是指由组成圆心角的两条半径和圆心角所对的弧围成的图形。如下图所示，在一整盘圆

# 术语解释

形比萨中，用两条半径切出来的一块就是扇形。

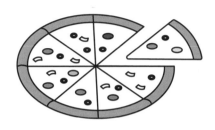

扇形的面积公式

$$扇形面积 = 圆的面积 \times \frac{扇形的圆心角}{360°}$$

$$= \pi \times 半径 \times 半径 \times \frac{扇形的圆心角}{360°}$$

"四舍五入"法

在取小数的近似值时，如果不要保留的最高位数小于5，就把该位数及之后的数都舍去；如果不要保留的最高位数大于等于5，就把该位数及之后的数都舍去，并向前一位进1，这种取近似数的方法叫作"四舍五入"法。例如，

113

1.4四舍五入保留整数为1，1.66四舍五入保留一位小数为1.7。

### 泰勒斯

泰勒斯（Thalēs，约前624—约前547），古希腊哲学家之一，被称为自然哲学之父。他曾成功地预测了日食，还测量过金字塔的高度，并创立了米利都学派。

### 托勒密

托勒密（Claudius Ptolemaeus，约90—168），古罗马天文学家、数学家、地理学家和地图学家，撰写了西方古典天文学的百科全书——《天文学大成》，书中论述了宇宙的地心体系。

### 椭圆

平面上的动点$A$到两个定点$F$和$F'$的距离之和等于一个常数时，这个动点$A$的轨迹就是椭圆。$F$和$F'$是椭圆的两个焦点。

# 术语解释

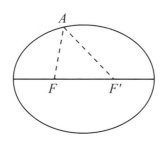

**椭圆的面积公式**

椭圆的面积 = 长半轴长 × 短半轴长 × π

**无理数**

无限不循环小数又叫作无理数，它属于实数。无理数不能用分数表示。圆周率 π 是一个典型的无理数。

**圆**

在同一平面内，到定点的距离等于定长的点的集合叫作圆。

# 术语解释

**圆的面积公式**

$$圆的面积 = 半径 \times 半径 \times \pi$$

**圆的周长公式**

$$圆的周长 = 直径 \times \pi$$

**圆心**

圆心是圆的中心点，用圆规画圆时，中间固定的端点就是圆心。

**圆心角**

顶点在圆心的角叫作圆心角。圆的圆心角度数为360°。

**圆周率**

圆周率就是圆的周长与直径的比值，它是一个固定的数，用希腊字母 π 表示。在中小学阶段，π 的取值一般为3.14。实际上，圆周率是一个无限不循环小数，即3.141 592 653 589 793 223

# 术语解释

846 264 338 327…。

## 正多边形

正多边形是指各个角都相等，各条边都相等的多边形。边数为3的正多边形称为正三角形，边数为4的称为正方形，边数为5的称为正五边形，边数为6的称为正六边形，以此类推。

## 直径、半径

直径是指通过圆心且两个端点都在圆上的线段。连接圆上任意两点的线段中，直径是最长的。半径是指从圆心到圆上任意一点的线段。圆有无数条直径和半径。在同一个圆中，直径的长度是半径的2倍。

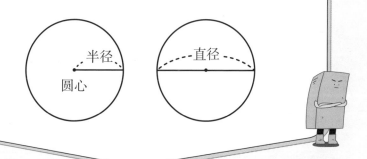